③ くらしの中のさくら

監修・勝木俊雄

もっと知りたい。さくらの世界

汐文社

🌸 はじめに 🌸

日本では、春になるとさくらがさき、
花を見て楽しむお花見がおこなわれます。
あたたかな日の光のなか、みんなと食べるおべんとうは、
とてもおいしいものです。

このようなお花見は、日本全国でその土地にあったやり方で
おこなわれています。そして、今では日本だけではなく、
世界中の人びともさくらの花を楽しむようになりつつあります。
また、春に花を見るだけではなく、
さくらはふだんの生活のなかでもさまざまに利用されています。
日本の社会は、さくらであふれているのです。

これほど身近なさくらですが、
みなさんはさくらについてどれだけ知っていますか？

このシリーズの１巻では、
生き物としてのさくらの種類や四季の変化について、
２巻ではお花見の名所や歴史について、
３巻ではさくらを使った言葉や食べ物、
もようなどについて、しょうかいしています。

さくらのことをもっとよく知るようになると、
きっとお花見が今より楽しくなるでしょう。

勝木俊雄

も く じ

はじめに ……………………………………………… 2

自然のなかのさくら ………………………………… 4

うめの花見からさくらの花見へ ………………… 6

みんなで楽しむ花見 ………………………………… 8

'そめいよしの'が全国に広まる ……………… 10

さくらにまつわる言葉① 花がさくころの言葉 ……………… 12

さくらにまつわる言葉② 満開のころの言葉 ……………… 14

さくらにまつわる言葉③ 花見にかかわる言葉 ……………… 16

さくらにまつわる言葉④ 花が散るころの言葉 ……………… 18

さくらにまつわる歌 ……………………………… 20

さくらを使った食べ物 …………………………… 24

さくらの名がつく食べ物 ………………………… 26

さくらの木の利用 ………………………………… 28

さくらでそめる ……………………………… 30

さくらをえがいた絵 ……………………………… 32

いろいろなさくらのもよう …………………… 34

やってみよう もん切り遊び ……………… 38

さくいん ………………………………………… 39

※さくらの種類の表記について：文中の'　'の記号はさいばい品種（→1巻）のさくらを、カタカナは野生種（→1巻）のさくらを表しています。

自然のなかのさくら

昔の人びとにとってのさくらは、自然のなかの一部でした。今の人びとのように花見をするということはなく、野山にさいたさくらをながめて、春がやってきたことを感じていました。

野山に生えていた さくら

　大昔から、日本のさくらは、野山に生えていました。当時の人びとは、野山にさいたさくらを楽しんでいたことでしょう。
　このころ、生えていたさくらは、わたしたちが見ている 'そめいよしの' ではありません。ヤマザクラ（→1巻）やエドヒガン（→1巻）などの野生種（→1巻）でした。

ヤマザクラは、花といっしょに赤い葉が出る。

4

弥生時代の人びとと野山にさくさくら。昔のさくらは、自然のなかの一部だった。野山にさくさくらを見ながら、昔の子どもは、野遊びをしていたのかもしれない。

さくらを神としてまつる

さくらの開花は、ちょうど田植えのじゅんびをはじめるころと重なります。そのため、さくらは古くから「田の神」として神が乗りうつる木であったともいわれています。

また、寒い冬にねむっていた草木や動物は、春になると動き出します。とくにさくらは、ほかの木よりも早く花がさくため、早春、人びとの目にとまったことでしょう。

奈良県十津川村の山に生えるヤマザクラ。

5

うめの花見からさくらの花見へ

奈良時代のころ、貴族のあいだでうめやももを見る「花見」の習慣がはじまりました。そして、平安時代になると、花見の対象はうめやももだけでなく、さくらも加わるようになりました。

さくらよりうめの花

今から1200年以上前の奈良時代、日本の文化は中国の文化を手本にしたものでした。うめも、中国から日本へやってきたため、貴族のあいだでは、野山のさくらより、うめの花がもてはやされていました。天皇が住む宮中では、うめやももの花を見ながら、歌をよみ、さかずきの酒をのむという、ゆうがな行事がおこなわれていました。奈良時代の歌集『万葉集』にも、さくらよりうめをよんだ歌のほうが多かったことから、うめがより好まれていたのでしょう。

このような宮中行事が花見のはじまりともいわれています。

うめの花。さくらより早く花がさく。

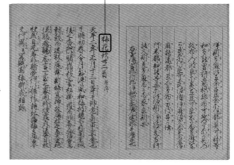

「梅花」とはうめの花のこと。

奈良時代の歌集『万葉集』には、うめをよんだ歌が120首ほど残されている。いっぽう、さくらの歌は40首ほど。

『［曼朱院本］萬葉集』20巻（京都大学附属図書館所蔵）

太宰府天満宮「曲水の宴」（神事）

奈良時代から平安時代にかけておこなわれた宮中行事「曲水の宴」。うめやももの花をながめながら歌をよむ。

3月3日のももの節句は、平安時代から続く「上巳の節句」が形を変えたもの。昔、上巳の節句の行事として、曲水の宴がおこなわれていた。

さくらの花見がはじまる

　花見にさくらが加わったのは、平安時代のはじめごろの812年、嵯峨天皇が神泉苑という庭でさくらの花を見て歌の会をもよおしたことがきっかけといわれています。これが、もっとも古いさくらの花見の記録とされています。

　平安時代中ごろになると、天皇や貴族の屋しきの庭にさくらの木が植えられ、さくらの花を楽しむようになっていきました。

嵯峨天皇が歌の会をもよおしたとされる京都府の神泉苑。

天皇が儀式をおこなう正殿には、もとはさくらでなくうめが植えられていたが、平安時代にさくらに植えかえられた。「左近のさくら」といい、新しく植えかえられながら、今に続いている。写真は、それにならって植えられた平安神宮にある左近のさくら。

平安時代、貴族の人びとは、野山のさくらを見に行ったり、屋しきにさくらを植えたりして、その美しさを楽しんでいた。

7

みんなで楽しむ花見

貴族の時代が終わると、武士も貴族と同じく、花見をするようになりました。やがて江戸時代になり、平和な世の中がおとずれると、まちにくらす、多くの人びとも花見をするようになりました。

さくらを楽しむ江戸時代の女性たち。女性たちは、着かざって花見に出かけた。
『隅田堤桜盛』渓斎英泉（国立国会図書館所蔵）

吉宗によって植えられたさくら

江戸（今の東京都）や大坂（今の大阪府）などの大きなまちでは、寺や神社などにさくらが植えられ、花がさく時期には、多くの人びとでにぎわうようになりました。

江戸時代の中ごろになると、第8代将軍の徳川吉宗が、隅田川の川岸や王子の飛鳥山など、江戸のまちに多くのさくらを植えさせました。吉宗は、武士や貴族だけでなく、まちにくらす多くの人びとにさくらを楽しんでもらおうと、花見をすることをすすめました。

東京都の玉川上水にあるヤマザクラ（→1巻）のさくら並木。江戸時代中ごろ、吉宗の命令でヤマザクラが植えられた。

今につながる花見の誕生

　江戸時代では、ものを食べたり、お酒をのんだりしながら、さくらを楽しむ花見が人びとのあいだに広まりました。このようなさくらの楽しみ方が、今の花見の原型になったといわれています。ただし、江戸のようにさくらがたくさん植えられている場所はまだ少なく、花見の習慣も江戸や大坂などの大きなまちが中心でした。

江戸時代の花見の様子をえがいた浮世絵。大坂にある安居神社のさくらの下で、人が楽しそうにおどっている。お酒や料理もある。
『浪花名所図絵　安井天神山花見』歌川広重
（国立国会図書館所蔵）

江戸時代の料理本をもとにつくった花見べんとう。

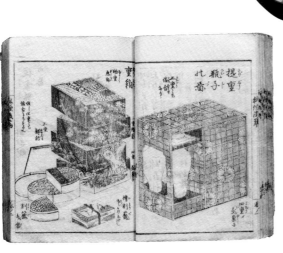

江戸時代の料理本にかかれている当時の花見べんとう。お酒とともに「さげ重」という重ばこにつめて持ち運んだ。
『料理早指南』醍醐散人 1801年
（人間文化研究機構 国文学研究資料館所蔵）

9

'そめいよしの'が全国に広まる

明治時代になると、'そめいよしの'が日本各地に植えられ、花見といえば'そめいよしの'といわれるようになりました。それから150年、今や花見はわたしたちに欠かせない季節の行事となっています。

たくさん植えられるようになった'そめいよしの'

　明治時代に入り、武士の時代が終わって、西洋にならった新たなまちづくりがおこなわれました。その動きのなかで、大名が住んでいた城も開放され、まちの人びとが利用する公共の場として使われるようになりました。城のあとなどを中心に植えられたさくらが、'そめいよしの'です。

　'そめいよしの'は、首都である東京の最新の文化を表す木として、全国に広まりました。昭和時代初期には、さくらといえば'そめいよしの'といわれるまで有名になりました。

青森県弘前市にある弘前城（→2巻）には、'そめいよしの'を中心に多くのさくらが植えられている。'そめいよしの'は成長が早く、葉が出る前に花がさくため、人気をよんだ。

明治時代の終わりごろにさつえいされた東京都の上野恩賜公園。'そめいよしの'の花がたくさんさいている。

『東京各所写真帖』（国立国会図書館所蔵）

1933（昭和8）年から7年間使用された小学校の教科書。4月に開花する'そめいよしの'の印象を全国に広めたと考えられる。

文部科学省ホームページより
（https://www.nier.go.jp/library/shiryoannai/shiryo10.html）

10

今に受け継がれる花見

　昭和時代、まちの発展とともに、公園やていぼう、学校が新たにつくられ、そのときに、新しく‘そめいよしの’が、数多く植えられました。春、いっせいにさく‘そめいよしの’の花は、平和な日本の象徴にもなっています。

　満開の‘そめいよしの’の下で、おしゃべりをしたり、にぎやかに食べたり、のんだりする、今の花見の風習も、新しく植えられた‘そめいよしの’とともに広がったのだと思われます。

今の花見の様子。日本人だけではなく、外国人もたくさん日本にやってきて、日本の花見を楽しんでいる。

日本の花見は海外へと広がっている。ワシントンD.C.には日本からおくられたさくらがたくさん植えられている（→2巻）。

さくらが植えられた東京都の千鳥ヶ淵（→2巻）。ボートに乗りながらさくらを楽しめる観光名所になった。

さくらにまつわる言葉①
花がさくころの言葉

古くから親しまれ、くらしに身近なさくらは、春の光景や天候を表す言葉に使われてきました。さくらのつぼみがほころぶ春のはじまりから、さくらの言葉にふれていきましょう。

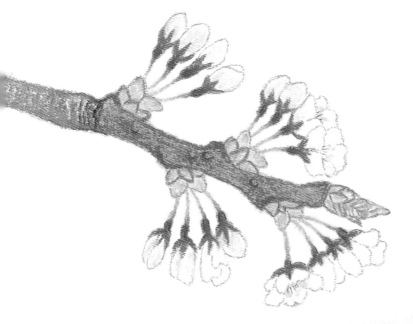

花便り
さくらの花のさいた様子を知らせるたより。

花時
さくらの花が美しくさくころ。「桜時」ともいう。

花もよい
さくらの花がさきそうな気配。

桜月
昔の3月、今の4月のこと。さくらがさくころにちなんだ月の名前。

初花
その年の春、はじめてさくさくらの花。「初桜」ともいう。

花ぐもり

さくらの花がさくころに見られる、どんよりしたうすぐもりの空。

花冷え

さくらの花がさくころに、ふいに少しのあいだ、冷えこむこと。

桜雨

さくらの花がさくころにふる雨。またはさくらの花にふりそそぐ雨。「花の雨」ともいう。

桜かくし

とつぜん寒くなり、さくらの花に雪がつもる様子。東北地方や新潟県で使われる言葉。

桜東風

さくらの花がさくころにふく、少し冷たさの残る東風。

さくらにまつわる言葉②
満開のころの言葉

昔から人びとは、あふれんばかりにさく花に、
新しい季節がおとずれたよろこびを重ねてきました。
満開のころのさくらの言葉は、
どれもはなやかで心がおどります。

桜花らんまん
さくらの花が満開で、見事に
さきみだれている様子。

花ざかり
さくらの花が満開にさ
きそろっている様子。

こぼれ桜
満開でこぼれそうにな
るほど花をさかせ、いく
つかの花びらがはらり
と落ちる様子。

14

桜かげ
水辺にさくさくらが、川や湖の
水面にうつる様子。

千本桜
奈良県の吉野山（右の写真）の
さくら（→2巻）の満開のころの様
子。または、たくさんのさくらの木
が植えられている名所や満開の
様子を表す。反対に、1本だけ
のさくらを「一本桜」といい（左の
写真）、長生きしている木が多く、
大きく立派なすがたをしている。

一本桜

花がすみ
遠くにさくさくらの花が、うす
い雲がかかったように白っ
ぽく見える様子。

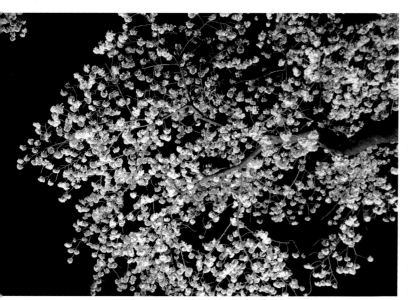

夜桜
夜のさくらの花。月明かりやライトな
どでてらしたさくらを見て楽しむ。

花明かり
満開のさくらの花の白さで、夜でもほ
のかに明るく感じる様子。

さくらにまつわる言葉③

花見にかかわる言葉

昔も今も、花見は日常を忘れて楽しむ特別な日です。このときだけに使われるいろいろな言葉があります。

桜がり
花見に行くこと。美しいさくらをたずねて山や野原を歩くこと。

花ぼんぼり
夜のさくらを楽しむために置かれたちょうちん。

花人
花見を楽しんでいる人のこと。「桜人」ともいう。

花よりだんご
ながめる花よりも、食べられるもののほうがよいという意味。

花づかれ
花見に歩いてつかれること。花見の後、美しいさくらを見た満足感で少し気だるく感じる様子。

花しょうぎ
花見のときに使う、こしかけ。赤い布（毛せん）をしいて使う。

花衣
花見に行くとき、女の人が着るきれいな服。昔は、女の人が春に着る「桜がさね」という、着物のことをいった。

花見酒
花見のときにのむ酒。

花むしろ
花見のときに地面にしくしきもの。

17

花が散るころの言葉

はらはらと花を散らすさくらの美しさに、人びとは心ゆさぶられ、それにぴったりな美しい言葉を生み出しました。

花ふぶき

さくらの花びらが風にふかれ、雪がまうようにみだれ散ること。「桜ふぶき」ともいう。

花いかだ

水面に散ったさくらの花びらが、いかだのように流れてゆく様子。

花のうき橋

散った花びらが水の上にしきつめられたようにうく様子を、うき橋に見立てた言葉。

桜流し

さくらの花びらを散らしてしまう雨や、花びらが雨に流れてゆく様子。

花の雪

さくらの花が雪のように散る様子。また、さいたさくらの花を雪に見立てた言葉。

花あらし

さくらの花があらしのように散ること。

花くず

散り落ちたさくらの花びらのこと。

桜しべふる

花が散り終わった後、がくに残っためしべとおしべが落ちて、地面を赤くそめる様子。

三日見ぬ間のさくら
世の中の移りかわりの早
いことのたとえ。

花は葉に
さくらの花が散ってわか葉
が出てきた様子。

19

さくらにまつわる歌

はなやかなさくらの花、散りゆく花びらに対する気持ちなど、さくらを題材にした歌は、昔から多くの人によまれていました。

平安時代からよまれていた和歌

さくらを見て楽しむようになってきた平安時代（→7ページ）、たくさんの和歌がよまれています。『万葉集』や『古今和歌集』など、さまざまな歌集にさくらが出てきます。そのなかには、散っていくさくらのすがたにさびしさを重ねた歌が数多くあります。

さくらを題材にした和歌は、百人一首でもとりあげられている。

花の色は　移りにけりな　徒に
我が身世にふる　ながめせしまに

作者 小野小町　出典『古今和歌集』

意味
さくらの花は、すっかり色あせてしまいました。長い雨がふっているあいだに。そして、わたしの身も老いてしまいました。わたしがもの思いにふけって月日をすごすうちに。

久方の　光のどけき　春の日に
しづごころなく　花の散るらむ

作者 紀友則　出典『古今和歌集』

意味
風のなく、おだやかな春の日に、なぜさくらの花はあわただしく散ってしまうのでしょうか。

季語を用いた俳句

　俳句は、和歌よりも後に発展した詩です。和歌より文字数が少なく、季語を使うのがとくちょうです。季語とは、その季節の感じを表すため、定められた言葉です。

　さくらを表す、もしくはさくらにかかわる季語はたくさんあります。また、「花」という季語は、それだけでさくらを指します。それほど、さくらは、日本人にとって身近な花なのです。

　12ページから19ページでしょうかいしたさくらにまつわる言葉の多くは、季語として使われています。

さまざまの
こと思ひ出す　さくらかな

作者 松尾芭蕉　季語 さくら

意味
このさくらをながめていると、いろいろな昔のことを思い出します。

古への　奈良の都の　八重ざくら
今日九重に　匂ひぬるかな

作者 伊勢大輔　出典『詞花和歌集』

意味
かつて、奈良の都でさいた八重桜が、今日は、宮中でひときわ美しくさきほこっています。

ながむとて　花にもいたし
くびの骨

作者 西山宗因
季語 花

意味
さくらの花にずっと見とれて上を見ていたら、首のほねがいたくなってしまいました。

21

さくらの歌

『さくら』は日本の伝統的な歌として有名です。だれがつくった歌なのかわかっていませんが、江戸時代に、ことの練習曲として使われていたそうです。

歌のなかの「やよい」は昔の3月（今の4月ごろ）、「かすみ」や「雲」は、遠くに見えるさくらをたとえた言葉です。昔の人は、遠くにさくらを、かすみや雲に見立てて、その美しさを表していました。

武島羽衣作詞、瀧廉太郎作曲の『花』という歌も有名です。隅田川にさく、さくらの花の美しい情景をうたった歌です。

さくら　日本古謡

さくら　さくら　やよいの空は
見渡すかぎり
かすみか雲か　においぞ出ずる
いざや　いざや　見にゆかん

意訳

さくら、さくら、3月の空は
見渡すかぎり、
かすみか雲のように美しく広がり、いいかおりのするさくらを
さぁ、見に行こう

花　作詞 武島羽衣　作曲 瀧廉太郎　※歌詞は1番

春のうららの　隅田川
のぼりくだりの　船人が
かいのしずくも　花と散る
ながめを何に　たとうべき

意訳

春のおだやかな日の隅田川
川を上ったり、下ったりと行き来する船の船頭さんの
かい※につくしずくも、まるで花びらのように散っていく
このながめを、いったい何にたとえたらいいでしょう

※水をかいて船を進める道具

現在の隅田川の様子。

さくらメモ　現代のさくらの歌

さくらを題材にした歌は、今でもたくさんつくられています。どのようなものがあるのか、さがしてみましょう。歌詞に注目して、さくらについての何を歌にしているのか調べてみてもいいでしょう。

SAKURA　いきものがかり（2006年）
さくら　ケツメイシ（2005年）
さくら（独唱）　森山直太朗（2003年）
桜坂　福山雅治（2000年）

伝統芸能のなかのさくら

さくらは、日本の伝統芸能の歌舞伎のなかでも題材としてよくとりあげられています。

『助六由縁江戸桜』（通称助六）は、歌舞伎十八番のなかでも、もっとも人気のある演目です。舞台ではさくらが用いられ、その演目を題材とした江戸時代の浮世絵にもさくらがえがかれています。

歌舞伎では、さくらの花びらが美しく散る様子も舞台での見せ場になっています。『金閣寺』とい

う演目のなかの一場面で、悪者にとらえられたお姫様に大量のさくらの花びら（花ふぶき→18ページ）がふりそそぐ様子は、とてもはく力があり、人気があります。

さくらの花がえがかれている『助六由縁江戸桜』の浮世絵。

『助六由縁江戸桜』歌川国貞　1819年（都立中央図書館特別文庫室所蔵）

©松竹株式会社

『金閣寺』の一場面。大量の紙でつくったさくらの花びらが舞い落ちる。

さくらメモ　さくらをあつかった近代文学

近代文学のなかには、さくらが題材になった作品があります。有名なものとして、明治～昭和時代にかけての小説家、梶井基次郎の短編小説『桜の樹の下には』（1928年）や、坂口安吾の『桜の森の満開の下』（1947年）などがあります。いずれも、さくらの美しさと対極的なぶきみさが表現されている作品です。

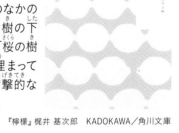

短編集『檸檬』のなかの一編である『桜の樹の下には』の冒頭は、「桜の樹の下には屍体が埋まっている!」という、衝撃的な文章からはじまる。

『檸檬』梶井 基次郎　KADOKAWA／角川文庫

さくらを使った食べ物

さくらは、見て楽しむだけでなく、食べることもできます。とくに和がしは、見た目の美しさ、かおり、味など、いろいろな楽しみ方があります。

さくらの葉でくるまれた和がし

「桜もち」は、さくらを材料にしてつくられた身近な和がしのひとつで、花見が世間に広まった江戸時代（→8ページ）に生まれたといわれています。

桜もちは関東風、関西風に分かれますが、どちらも塩づけにしたオオシマザクラ（→1巻）の葉でくるみます。葉を塩につけることで、あのどくとくのかおりが生まれます。さくらのなかで、オオシマザクラは、かおりの成分がとくに強いため、桜もちの材料として使われています。

桜もち（関東風）
焼いた小麦粉であんをつつみ、さくらの葉でくるむ。

桜もち（関西風）
もち米を材料にした生地であんをつつみ、さくらの葉でくるむ。

オオシマザクラの畑。わかくて、やわらかい葉を使う。

さくらメモ　さくらをモチーフにした和がし

さくらを材料に使ってはいませんが、形や色をさくらの花ににせた和がしは、見た目が美しく、春を感じさせてくれます。春になると、いろいろなお店で見られるので、さがしてみましょう。

らくがん

さくらの葉の塩づけ。およそ半年から1年後に完成する。

さくらを使ったいろいろな食べ物

さくらのかおりや味を楽しむ食べ物は、ほかにもたくさんある。

桜あんぱん

1875（明治8）年に、東京の銀座にある木村屋というお店が考えた、桜あんぱん。あんのあまさとさくらの花の塩味がとても合っている。

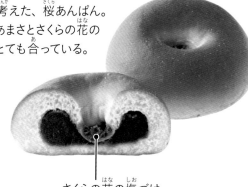

さくらの花の塩づけ

八重ざき（→1巻）のさくらの花を塩につける。和がしにのせたり、お湯に入れたりする。

さくらの花の塩づけ

桜湯

塩づけのさくらの花をお湯にうかべた飲み物で、えんぎがよいとされている。

桜まんじゅう

さくらの花の塩づけを生地に練りこんだり、まんじゅうの上にのせたりして食べる。

桜ジャム

さくらの花を入れたジャム。

©2020 株式会社たかはたファーム

さくらメモ

さくらのチップで 食材をいぶす

チップとは、食材をけむりでいぶすため、木を細かくくだいたものです。さくらのチップを使っていぶすと、かおりの高いくんせいをつくることができます。

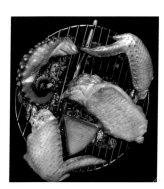

さくらのチップ

なべなどの底にチップを置き、弱火で魚や肉などをいぶす。

さくらの名がつく食べ物

色がさくらの花のピンク色ににていたり、旬（食べ物が一番おいしくなる時期）がさくらのさく時期に重なっていたりする食べ物には、「さくら」という名前がついていることがあります。

色や季節から連想させる「さくら」

「さくら」と名前がつく食べ物の多くは、その色がさくらの花のうすいピンク色（さくら色）ににていて、春を感じさせます。
また、さくらがさく春に旬をむかえる魚介類のなかに、「さくら」という名前がついているものが見られます。

マダイ（さくらだい）
春に、えさを求めて、海の深いところから浅いところへ移動してくる。あざやかな美しいからだの色から、「さくらだい」という別名がある。

サクラマス
サケの仲間。さくらがさく季節にとれ、身の皮がうっすらピンク色をしていることから、サクラマスとよばれている。

サクラエビ
干したときの美しい色から、サクラエビという名前がついたともいわれている。

サクラマスのます寿司。ささの葉に包まれている。

サクラエビの天日干しの様子。

イワシの身を開い
ているところ。

桜干し

イワシやアジ、サンマなどの魚を調味料につけて干し
たもの。身を開いた形がさくらの花びらににている
からともいわれている。

桜煮

タコをあまからく煮た料理を「桜煮」とよぶ。
煮上がった色がさくらの花びらのように美しい
からといわれている。

桜肉

馬の肉のことを「桜肉」という。桜肉を入れたなべを
「桜なべ」という。写真は桜肉のユッケ。

桜飯

静岡県では、しょうゆを入れてたいたご飯を
「桜飯」という。タコを入れた、たきこみご飯
のことをよぶこともある。

桜でんぶ

白身魚の身をほぐ
して、しょうゆやみ
りんなどで味つけ
し、水分がなくな
るまで熱を加え、
食紅でうすく色を
つけたもの。

あざやかにどん
ぶりをいろどる
桜でんぶ。

さくらの木の利用

さくらの木は、見て美しいばかりではなく、昔から生活のなかでも役立てられてきました。どんなところで使われているのか、見ていきましょう。

美しい樺細工

樺細工は、見た目の美しいヤマザクラ（→1巻）などのみきの皮（樹皮）を使ってつくられる茶づつや箱などの工芸品です。「桜皮細工」ともよばれます。江戸時代、武士がお金をかせぐための仕事として発展し、秋田県仙北市角館の樺細工は、国指定の伝統工芸品としてみとめられています。

さくらの樹皮をはぐ「樺はぎ」とよばれる作業。はいだものは、2年間、十分にかわかしてから使う。表面の樹皮をはいでも、みきの内側から樹皮が再生されるため、木がかれることはない。

お茶の葉を入れる茶づつ。ふたがぴったり閉まるため、なかのお茶の葉がしめりにくい。樹皮を木型にまきつけて、はりあわせる。

内ぶたにお茶の葉を移して、きゅうすに入れる。

ブローチ。みがいた樹皮を何まいもはり重ね、あつくしたものを、さまざまな形にほる。

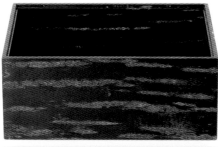

お茶の道具などを入れる箱。木材に樹皮をはりつける。

樺細工のつくり方

さくらの木からはぎとり、かわかした樹皮は、けずってつやを出す。茶づつをつくる場合、円柱の木型に合わせて、うすい木の板をはりつける。その上にさくらの樹皮をまきつけ、熱した金ごてでおさえながらはりあわせていく。

樹皮をけずってつやを出す。けずらず、そのまま使う場合もある。

茶づつをつくる作業。まきつけてはりあわせた1本のつつをつくる。その後、つつはふたや入れ物などにカットされる。

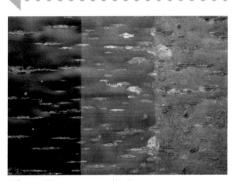

右から左にかけて、樹皮がだんだんとけずられていっている。

木版画の版木

　木版画とは、木版という文字や絵をほった木の版を、紙に写しとる版画のことです。日本では、昔からこの方法によって、字や絵が印刷されていました。
　木版画に使われる版木は、おもにヤマザクラなどの木が使われます。ねばりがあってほりやすく、表面がきれいに仕上がるためです。また、かたくて長持ちするので、何度も印刷することができます。江戸時代の浮世絵の版木のほとんどはさくらの木が使われていました。

ほられた版木。浮世絵などの多色ずりの木版画は、色ごとに何まいもの版木をつくる。

色ごとにすり重ねて完成した木版画。

写真提供：一般社団法人 朋誠堂

さくらでそめる

植物を煮たものでぬのや糸をそめる草木ぞめは、縄文時代のいせきで見つかるほど昔から伝わる、色をそめる方法です。

えだでそめる

さくらのえだからせん料（さくらのえだからつくった色をそめるもと）をつくり、ぬのや糸をそめます。茶色のえだからは想像できないような、まるでぬのに花がさいたような美しいピンク色にそまります。いろいろなそめ方がありますが、そのうちのひとつを見ていきましょう。

どちらもさくらのえだでそめたふろしき。同じさくらの木でも、使ったさくらのえだや、せん料を煮出した回数のちがいで、色が変わる。

せん料をつくる

花をさかせる前の2月ごろのえだを使ってせん料をつくる。えだの色からは想像できないようなあざやかなピンク色のせん料がとりだせる。

草木ぞめに使うために切ったさくらのえだ。

❶きれいにあらったえだの皮をけずり、なべに入れて煮出す。

❷煮出した後。煮出す回数を変えると、せん料の色が変わる。

ぬのや糸をそめる

むらが出ないようにお湯で
糸やぬのをあらってからそ
める。

❶そめるぬのや糸をせん料につけて、煮
る。とちゅうで色が落ちないようにするた
めの液（灰などをとかした水）にひたす。

❷色が出なくなるまで、よく水であらい、
干せば完成。

花や葉でそめる

　さくらの花や葉でも、ぬのや糸を美しく
そめることができます。ここでは、紅葉し
た葉でのそめ方をしょうかいします。

真っ赤に紅葉
したさくらの
葉を使ってそ
める。

葉でそめる

紅葉した葉を水にひたして
とりだしたせん料でそめる。

❶ぬのや糸をせん料によくひたして煮
ぞめする。

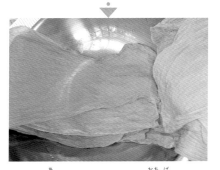

❷そめ上がったスカーフ。落葉ににた、
少し茶色がかった色になる。

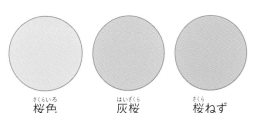

さくらメモ

「さくら」のつく
色の名前

　昔から伝わる日本の色の名前には、「さくら」がつく名前
があります。同じピンク色でも、それぞれ、わずかな色のち
がいが表されています。

※ここで表してい
る色は、おおよそ
のものです。

桜色　　　灰桜　　　桜ねず

31

さくらをえがいた絵

さくらの美しさをえがいた絵は、古くからたくさんあります。どのようなものがあるのか、見ていきましょう。

さまざまなさくらの絵

人びとは、これまでの歴史のなかで、たくさんのさくらの絵をえがいてきました。

さくらそのものの美しさだけでなく、さくらを見て楽しむ人びとや、なじみのある風景といっしょにさくらがえがかれたりすることもありました。また、さくらのありのままのすがたを、写実的かつ芸術的にえがくボタニカルアートなどもあります。

人といっしょにえがく

隅田川のさくらの下でにぎわう人びと。子どもをおんぶした女性もえがかれていて、楽しい様子が伝わってくる。

『春色隅田堤の満花』香蝶楼豊国（国立国会図書館所蔵）

美しさをえがく

古くからさくらの名所として親しまれていた奈良県の吉野山（→2巻）のヤマザクラ（→1巻）がえがかれている。

『小雨ふる吉野　左隻』菊池芳文 1914（大正13）年 MOMAT／DNPartcom 撮影：©上野則宏

風景のなかにえがく

江戸時代に発展した浮世絵。遠くに富士山をのぞむ品川御殿山の風景のなかにヤマザクラがえがかれている。

『富嶽三十六景東海道品川御殿山ノ不二』葛飾北斎 江戸時代

写実的にえがく

現代では、ありのままの植物のすがたを正確にえがきながら、かつ芸術性をあわせもったボタニカルアートの対象としてさくらがえがかれている（右絵）。江戸時代にも、写実性の高いさくらがえがかれている（下絵）。

山桜『桜花譜』坂本浩然 江戸時代（国立国会図書館所蔵）

『オオヤマザクラ』
石川美枝子 2015年

いろいろなさくらのもよう

満開の美しさや、散っていくはかなさなど、人びとの心をとらえた
さくらは、さまざまな美しいもようの題材として使われました。

人気のあるもよう

大昔から、さくらは、いねなどの穀物をゆたかに実らす神様が乗りうつる木ともいわれており（→5ページ）、そのもようも、人びとに愛されています。

さくらは、平安時代から、よく歌によまれ、鎌倉時代になると、武具のもようとしても広まるようになりました。また、絵の題材としてもよくとりあげられています（→32〜33ページ）。

さくらをあつかったもようには、どのようなものがあるのか見てみましょう。

枝垂れ桜
枝垂れ桜に、花かごのもようをあしらったふりそで。

'しだれざくら'（→1巻）は、たれ下がったえだに小さい花がたくさんつく。

花いかだ
(→18ページ)

散ったさくらが水の上にかたまってうかび、流れる様子をいかだに見立てたもよう。

かたまってうかぶさくらの花びら。

小桜

小さなさくらの花を一面に散らしたもよう。

桜散らし

さくらの花を重ねたり、花びらを散らしたり、変化をつけているもよう。

さくらのもようは、和紙のもようにもなっている。

さくらメモ さくらの葉をもとに つくられた伊勢型紙

伊勢型紙とは、着物などの生地をそめるのに用いる伝統的な道具です。和紙を加工した紙に、さまざまなもようをほりぬいたものを型紙として使います。もともとは、三重県鈴鹿市にある'ふだんざくら'(→2巻)というさくらの葉の虫くいあな（写真右）をヒントに、自然の美しいもように注目し、伊勢型紙がつくられたといわれています。

和紙を加工した型地紙を細かくほっていく。

提供：伊勢型紙専門店おおすぎ

'ふだんざくら'は、1年中葉が絶えず、花も、夏以外はさいている。

ほった型紙は、今では絵画や色紙、あかりなどのインテリアにも使われており、とても人気がある。

桜楓

春のさくら、秋のかえでがいっしょにえがかれたもよう。

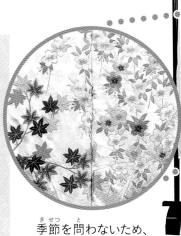

季節を問わないため、着物のもようにもよく使われる。

八重桜

さくらの花びらが何まいも重なっている八重ざき（→1巻）の花のもよう。はなやかさがある。

八重ざきのさくら

'ふげんぞう'（→1巻）という八重ざきのさくら。

花がすみ（→15ページ）

さくらの花をかすみの形にかたどったもよう。かすみとは、遠くのけしきにかかるうす雲のようなもの。

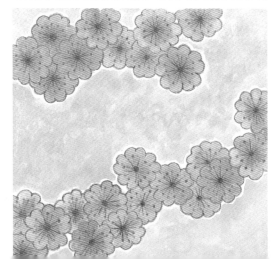

家もんとして
用いられたさくら

　さくらは、家もんとしてもよく用いられました。家もんとは、もようのひとつで、家の血すじや地位などを表すマーク（もん章）のことです。

　昔からさくらが植えられていた神社には、さくらをもん章として用いているところがたくさんあります。

　いっぽう、武士のあいだでは、さくらの家もんはほとんど広まりませんでした。さいている期間が短く、すぐに散ってしまうさくらには、長く続かないというよくないイメージがあったためです。

京都にある、平安時代に建てられた平野神社のもん章はさくら。境内に植えられているさくらにちなんだものと考えられている。

いろいろなさくらの家もん。200いじょうあるといわれている。

身近なさくらのマーク
（さくらメモ）

　家もんのほかにも、くらしのなかで見られるさくらのマークはいろいろあります。お金、マンホールのふた、市のシンボルなど、さまざまなものにさくらの花が使われています。ほかに何があるのか、さがしてみましょう。

千円さつのうら

東京都のマンホールのふた

埼玉県北本市のシンボルマーク。名木「石戸蒲桜（→2巻）」が有名であり、市内のゆたかな自然を表している。

きたもと

百円玉の表

もん切り遊び

「もん切り遊び」とは、紙を折り、型紙（もん切り型）通りに切りぬいて、「もん」の形をつくる、昔からある遊びです。もん切り遊びで、さくらのもんを切りぬいてみましょう。

持ち物 •折り紙 •はさみ •トレーシングペーパー •えんぴつ •ホチキス

折り方

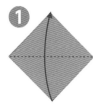

1 色のついた面を表にして半分に折る。

ガイド
この上に折り紙を置き、★に折り紙の中心を合わせ、点線に合わせて折る。
72度

2 中心に折りすじをつける。

切り方 下のもん切り型をトレーシングペーパーにうつしとり、**6**まで折った紙に重ねて切る。

3 右のガイドの上に折り紙を合わせ、ガイドに合わせて折る。

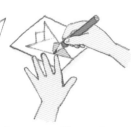

トレーシングペーパーにもん切り型をうつしとる。

4 手前の1まいをふちに合わせて折る。

5 左側を**4**で折ったところで折る。

もん切り型

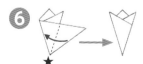

6 ふちに合わせて折る。もし、ふちがずれたら**3**にもどって折り目を調整する。

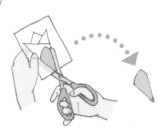

トレーシングペーパーと折り紙を重ね、うつした線にそって切っていく。線の外がわをホチキスでとめるとずれにくい。

❗ 折った紙は切りにくいので、少しずつはさみを入れて切ろう。

さくいん

あ

伊勢型紙 ・・・・・・・・・ 35
伊勢大輔 ・・・・・・・・・ 21
一本桜 ・・・・・・・・・・ 15
上野恩賜公園 ・・・・・・・ 10
浮世絵 ・・・・・ 9,23,29,33
うめ ・・・・・・・・・・・ 6
エドヒガン ・・・・・・・・ 4
桜花らんまん ・・・・・・・ 14
桜楓 ・・・・・・・・・・・ 36
オオシマザクラ ・・・・・・ 24
小野小町 ・・・・・・・・・ 20

か

花時 ・・・・・・・・・・・ 12
梶井基次郎 ・・・・・・・・ 23
樺細工 ・・・・・・・・・・ 28
樺はぎ ・・・・・・・・・・ 28
歌舞伎 ・・・・・・・・・・ 23
家もん ・・・・・・・・・・ 37
季語 ・・・・・・・・・・・ 21
紀友則 ・・・・・・・・・・ 20
曲水の宴 ・・・・・・・・・ 6
『金閣寺』 ・・・・・・・・ 23
草木ぞめ ・・・・・・・・・ 30
くんせい ・・・・・・・・・ 25
『古今和歌集』 ・・・・・・ 20
小桜 ・・・・・・・・・・・ 35
こぼれ桜 ・・・・・・・・・ 14

さ

嵯峨天皇 ・・・・・・・・・ 7
『さくら』 ・・・・・・・・ 22
桜雨 ・・・・・・・・・・・ 13
桜あんぱん ・・・・・・・・ 25
桜色 ・・・・・・・・・・・ 31
サクラエビ ・・・・・・・・ 26
桜かくし ・・・・・・・・・ 13
桜かげ ・・・・・・・・・・ 15

桜がり ・・・・・・・・・・ 16
桜東風 ・・・・・・・・・・ 13
桜しべふる ・・・・・・・・ 18
桜ジャム ・・・・・・・・・ 25
桜散らし ・・・・・・・・・ 35
桜月 ・・・・・・・・・・・ 12
桜でんぶ ・・・・・・・・・ 27
桜時 ・・・・・・・・・・・ 12
桜流し ・・・・・・・・・・ 18
桜煮 ・・・・・・・・・・・ 27
桜肉 ・・・・・・・・・・・ 27
桜ねず ・・・・・・・・・・ 31
『桜の樹の下には』 ・・・ 23
さくらの花の塩づけ ・・・ 25
桜ふぶき ・・・・・・・・・ 18
桜干し ・・・・・・・・・・ 27
サクラマス ・・・・・・・・ 26
桜まんじゅう ・・・・・・・ 25
桜飯 ・・・・・・・・・・・ 27
桜もち(関西風) ・・・・・ 24
桜もち(関東風) ・・・・・ 24
桜湯 ・・・・・・・・・・・ 25
左近のさくら ・・・・・・・ 7
'しだれざくら' ・・・・・ 34
枝垂れ桜(もよう) ・・・ 34
神泉苑 ・・・・・・・・・・ 7
『助六由縁江戸桜』 ・・・ 23
千本桜 ・・・・・・・・・・ 15
せん料 ・・・・・・・・・・ 30
'そめいよしの' ・・・・ 4,10

た

チップ ・・・・・・・・・・ 25
千鳥ヶ淵 ・・・・・・・・・ 11
徳川吉宗 ・・・・・・・・・ 8

な

西山宗因 ・・・・・・・・・ 21

は

俳句 ・・・・・・・・・・・ 21
灰桜 ・・・・・・・・・・・ 31
初桜 ・・・・・・・・・・・ 12
初花 ・・・・・・・・・・・ 12
『花』 ・・・・・・・・・・ 22
花明かり ・・・・・・・・・ 15
花あらし ・・・・・・・・・ 18
花いかだ ・・・・・・・ 18,35
花がすみ ・・・・・・・ 15,36
花くず ・・・・・・・・・・ 18
花ぐもり ・・・・・・・・・ 13
花衣 ・・・・・・・・・・・ 17
花ざかり ・・・・・・・・・ 14
花しょうぎ ・・・・・・・・ 17
花便り ・・・・・・・・・・ 12
花づかれ ・・・・・・・・・ 17
花の雨 ・・・・・・・・・・ 13
花のうき橋 ・・・・・・・・ 18
花の雪 ・・・・・・・・・・ 18
花は葉に ・・・・・・・・・ 19
花冷え ・・・・・・・・・・ 13
花人 ・・・・・・・・・・・ 16
花ふぶき ・・・・・・・・・ 18
花ぼんぼり ・・・・・・・・ 16
花見 ・・・・・・・ 4,6,8,10,16
花見酒 ・・・・・・・・・・ 17
花見べんとう ・・・・・・・ 9
花むしろ ・・・・・・・・・ 17
花もよい ・・・・・・・・・ 12
花よりだんご ・・・・・・・ 16
版木 ・・・・・・・・・・・ 29
百人一首 ・・・・・・・・・ 20
弘前城 ・・・・・・・・・・ 10
'ふげんぞう' ・・・・・・ 36
'ふだんざくら' ・・・・・ 35
ボタニカルアート ・・・・ 32

ま

マダイ(さくらだい) ・・・ 26
松尾芭蕉 ・・・・・・・・・ 21
『万葉集』 ・・・・・・・ 6,20
三日見ぬ間のさくら ・・・ 19
木版画 ・・・・・・・・・・ 29
もも ・・・・・・・・・・・ 6
もん切り遊び ・・・・・・・ 38
もん章 ・・・・・・・・・・ 37

や

八重ざき ・・・・・・・ 25,36
八重桜 ・・・・・・・・・・ 36
ヤマザクラ ・・・・ 4,8,28,32
夜桜 ・・・・・・・・・・・ 15
吉野山 ・・・・・・・・・ 15,32

ら

らくがん ・・・・・・・・・ 24
『檸檬』 ・・・・・・・・・ 23

わ

和歌 ・・・・・・・・・・・ 20
ワシントンD.C. ・・・・・・ 11

監修　勝木俊雄

1967年福岡県生まれ。1992年東京大学大学院農学系研究科修士課程修了。農学博士。現在、国立研究開発法人森林研究・整備機構森林総合研究所 多摩森林科学園チーム長。専門は樹木学、植物分類学、森林生態学。著書に『桜』（岩波新書）、『まるごと発見！　校庭の木・野山の木① サクラの絵本』（編著　農山漁村文化協会）、『サイエンス・アイ新書 桜の科学』（SBクリエイティブ）など多数。

スタッフ

装丁・デザイン	高橋里佳　桑原菜月（Zapp！）
イラスト	今井未知　鴨下潤　唐木みゆ　鈴木真美　髙安恭ノ介　光安知子
執筆協力	加藤千鶴　山内ススム
校正	株式会社 みね工房
編集制作	株式会社 童夢

写真・資料提供（五十音順・敬称略）

石川美枝子　P33 ／ 石田精一 撮影（HP 名勝小金井桜の会に掲載）P8 ／ 伊勢型紙専門店おおすぎ　P35 ／ 一般社団法人 朋誠堂　P29 ／ 奥田清貴（日本樹木医会三重県支部）P35 ／ 勝木俊雄　P5, P36 ／ （株）大石天狗堂　P20 ／ 株式会社 鴨安商店　P27 ／ 株式会社たかはたファーム　P25 ／ 株式会社 藤木伝四郎商店　P28〜29 ／ 北区飛鳥山博物館　P9 ／ 北本市　P37 ／ 京都大学附属図書館 Main Library, Kyoto University　P6 ／ 銀座木村家　P25 ／ 国立国会図書館　P8, P9, P10, P32, P33 ／ 静岡市清水区役所 蒲原支所　P26 ／ 松竹株式会社　P23 ／ 大宰府天満宮　P6 ／ 都立中央図書館特別文庫室　P23 ／ 人間文化研究機構 国文学研究資料館　P9 ／ PIXTA　P4, P27, P35, P37 ／ 振袖専門 染と織 みやたけ工房　P34, P36 ／ 松崎町　P24 ／ 水戸市植物公園草木染織同好会　P31 ／ 文部科学省ホームページ　P10 ／ 有限会社庄右衛門 元祖関野屋　P26 ／

P32『小雨ふる吉野　左隻』MOMAT／DNPartcom 撮影：©上野則宏
P23『檸檬』梶井 基次郎　KADOKAWA ／角川文庫

協力

神泉苑　P7 ／ 平野神社　P37

もっと知りたい さくらの世界

③ くらしの中のさくら

2020年2月　初版第1刷発行

監　修	勝木俊雄
発行者	小安宏幸
発行所	株式会社汐文社
	〒102-0071　東京都千代田区富士見1-6-1
	電話 03-6862-5200　ファックス 03-6862-5202
	URL https://www.choubunsha.com
印　刷	新星社西川印刷株式会社
製　本	東京美術紙工協業組合

ISBN 978-4-8113-2682-5